糞金龜

星天牛

吉丁蟲

虎甲蟲

蝗蟲校長

鹿角鍬

獨角仙

狼蛛001

麗蠅老師

蜈蚣老師

科羅拉多金花蟲

放屁蟲

蟋蟀老師

鐵線蟲

蟑螂大嬸

龜金花蟲

龍蝨

牙蟲

蟑螂

瓢蟲紅點點

瓢蟲黑點點

豆芫菁

拉步甲　奇步甲

叩頭蟲

長戟大兜蟲

仰泳椿

圓斑硬象鼻蟲

捲葉象鼻蟲

松瘤象鼻蟲

竹象鼻蟲

茶實象鼻蟲

鳥糞象鼻蟲　長角象鼻蟲

大眼象鼻蟲

長臂金龜老師

黃鳳蝶老師

金花金龜

漫畫昆蟲記

甲蟲這一班

# 酷蟲學校

## 虎甲蟲的榮譽之戰

吳祥敏 著　夏吉安 莊建宇 繪

快樂文化

# 目錄

# 人物介紹

### 糞金龜

甲蟲班無敵傻蛋、超級少根筋的代表人物。和智商相反的是，他擁有無比強大的自信心，不在乎那些蔑視他的傢伙。製造糞餅乾是他在課堂上的興趣愛好，開發糞堆是他在假期裡的主要活動。如果你想欺負他，那就等著瞧吧，最後崩潰的一定是你。

### 星天牛

她擁有全校最長最美的觸角，天生一副強壯的身軀，隨時搜集小道消息是她的愛好，四處散布小道消息是她的樂趣。她偶爾也會欺負弱小的同學，但自己被欺負時就會拿出拚命的架勢來還擊，是個不好惹的傢伙。

### 皮蠹

甲蟲班個子最小的同學，他既不是素食昆蟲也不是肉食昆蟲，而是食腐的昆蟲，對吃從不挑剔，不管是能吃的還是不能吃的他都吃。雖然他的衛生習慣極其糟糕，但在校外卻有著一大群好兄弟，必要的時候他們可以幫助他吃掉任何東西。

出生在一個大家庭裡，並代表他的一百三十三個兄弟姐妹在甲蟲班上課。雖然他不是甲蟲，卻擔任甲蟲班的班長職務；雖然他不是昆蟲，卻受到昆蟲們的尊敬。他成功的祕訣是什麼呢？答案是：因為有毒牙。

### 狼蛛001

## 仰泳椿

他是飛蟲班的種子選手，是用來戰勝龍蝨的祕密武器，拿手絕活是仰泳。他既是龍蝨的朋友，也是龍蝨一輩子的仇敵。他最討厭的動物是青蛙，其次是龍蝨。

## 叩頭蟲

他因為留級的關係來到了甲蟲班。他身材矮小，相貌平平，並沒有同學們期待的跳躍足，除了逃跑以外他什麼也不會，可是在關鍵時刻，他的跳高本領卻為班級帶來了好運。

## 蜈蚣老師

酷蟲學校的體育老師，雖然沒有卓越的運動天賦，卻擁有數量可觀的腳。他雖然無法獲得學生們的愛戴，卻總是能討得蝗蟲校長的喜歡。他的存在使本來一切順利的運動會變得困難重重。終於有一天，他去了他該去的地方。

## 蝸牛

雖然她的身形嬌小，可是她的志向比天高。雖然爬得非常慢，卻敢參加跑步比賽。因為在她的心中沒有什麼事情是做不到的，她是雜蟲班最積極、最樂觀、最快樂的學生。

## 虎甲蟲

他的表情總是陰陰的，語氣總是冷冷的，雖然他的個子矮小，但從不懼怕任何挑戰，就連狠毒的狼蛛001都要讓他三分。他有「昆蟲中的獵豹」的美稱，因為誰也無法超越他的速度。

## 蟑螂

他是生存能力最強的昆蟲。他什麼都能吃，什麼地方都能待，什麼事情都能忍。雖然他在飛蟲班受盡鄙視，但運動會來臨時，他卻成了飛蟲班最有殺傷力的選手。

## 牙蟲

如果你不仔細分辨的話，很可能會把她當成龍蝨。她擅長游泳，具有和龍蝨一樣的游泳足，個性和龍蝨一樣奸詐狡猾。不過她比龍蝨多一個愛好，那就是推銷。

## 長臂金龜老師

甲蟲班的導師，天生的長手臂和大塊頭使他呈現一股威風凜凜的氣勢，但他強大的外表下卻隱藏著一顆懦弱的心。這並不影響他成為一名優秀的教師，他的學生都能自動自發的做到：老師在和不在時都一樣。沒有哪個學生會因為他的出現而停止睡覺、打鬧或大喊大叫。

# 第1章

# 甲蟲班的飛行特訓

哎唷……

雙叉同學……最近有沒有遇到什麼……倒楣的事啊？

最倒楣的就是在上學路上遇到你。

還是走路上學安全。

是啊，反正一個月遲到二十九天和遲到三十天也沒有多大差別。

喲！你們走路上學呀？

我記得你們好像有翅膀對吧？

我們的翅膀比你的大多了，而且不會在飛行時發出難聽的嚶嚶聲。

我們蚊子一秒鐘要搧動翅膀六百多次，難免會發出點聲音，懂飛行的蟲都知道。

別衝動！

你給我站住！

嗡嗡嗡嗡……

啣！你們用走的上學啊？你們的翅膀呢？

我們的翅膀收在堅硬的翅鞘下面，受到完善的保護！

怪不得平時看不到它們呢！但這真是多此一舉啊。

可惡的食蚜蠅！

因為我從沒聽說哪個傢伙需要把翅膀保護起來，長了翅膀就是要用來飛行的嘛！

我是勤勞的小蜜蜂……

哦！

我們就是喜歡走路上學！

是嗎？走路可是一件非常耗費體力的事情，而且運動會馬上就要開始了⋯⋯

聽說第一個比賽項目就是飛行，你們這些基礎差的同學應該抓緊時間練習才對。

運動會！
飛行比賽！

對甲蟲班的同學來說，這可不是個好消息，因為甲蟲們天生不擅長飛行。

我們巨大的體型和笨重的身體限制了飛行速度和靈敏度。

我們班不可能得到飛行比賽的冠軍。

既然我可以成為甲蟲班的班長，那麼我們班戰勝飛蟲班贏得飛行比賽的勝利也是有希望的！關鍵在於大家是否能夠拿出決心！

決心是什麼東西？

就是從現在開始，每位同學都要節食減肥，減輕體重以提高翅膀的搧動速度，同時還要練習空中懸停、轉彎、倒退等飛行技巧，我們要把超過蜻蜓同學當做目標！

哼！想超過我？幾億年前我們蜻蜓就已經在空中飛來飛去了！

放心吧，甲蟲班不可能贏得了我們！

就這樣，甲蟲班的飛行特訓開始了！遇到的第一個難題就是節食減肥。

節食減肥

我反對！

我都已經快餓扁了！

你本來就長得扁扁的，再怎麼吃也不會像我一樣壯！

誰敢再說我扁，我就狠狠的扁他！

誰要是敢扁我，我就掀他個六腳朝天！

班長班長，我的那些糞球要是再不吃的話就要乾透了，那上面已經有裂紋了。

現在大家都到操場上集合，開始練習飛。

又開始了！

現在聽我的口令，第一步，舉起翅鞘。

第二步，張開後翅。

第三步⋯⋯

起飛！

雖然，甲蟲班的飛行練習沒有任何進展，但同學們的訓練熱情卻沒有減少。
終於，酷蟲學校的運動會開始了，按照慣例運動會期間將持續一個月，第一個項目是飛行比賽。

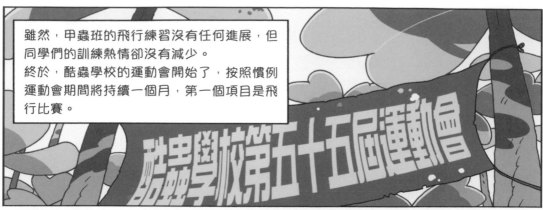

酷蟲學校第五十五屆運動會

飛蟲班

甲蟲班

雜蟲班

幼蟲班

大會宣布：酷蟲學校第五十五屆運動會，現在開始！第一個項目是韻律體操比賽！

首先進行表演的是甲蟲班的同學，大家鼓掌歡迎。

你到底做了什麼？！

沒什麼呀。

我只是和蝗蟲校長聊了一下，你要是有什麼意見，我們也可以聊一聊。

我倒是沒⋯⋯沒什麼意見，可是我們班的同學⋯⋯

逃得夠快，飛蟲班的同學飛行技術果然了得！

# 各式各樣的昆蟲翅膀

## 8 種不同的翅膀

**膜翅**：薄而透明的翅膀，上面有清晰的翅脈。如蜜蜂的翅膀和甲蟲的後翅。

**纓翅**：翅膀的邊緣長著很多細長的纓毛。如薊馬的翅膀。

**鱗翅**：翅膀的表面覆蓋一層鱗片，可形成圖案。如蝴蝶和蛾的翅膀。

**毛翅**：翅膀上遍布許多細毛。如石蛾的翅膀。

**鞘翅**：硬化的翅膀，不能飛行，只用來保護背部和後翅，就像刀鞘一樣。如天牛等甲蟲的前翅。

**覆翅**：堅硬如皮革質地的翅膀，半透明，不但能飛也有保護作用。如蝗蟲和蟋蟀的前翅。

※ 翅脈：翅膀上的脈狀構造，有支撐作用。

**半翅**：翅膀的基部為較硬的革質，端部為膜質。如椿象的前翅。

**平均棍**：退化的翅膀，像一根小棍棒，在飛行時有平衡身體的作用。如蚊子和蒼蠅的後翅。

## 翅膀功用辯論會

我認為翅膀是昆蟲最重要的器官，因為翅膀讓我們的活動範圍擴大了。如果有隻蚊子落到樹上，我可以飛過去吃掉他；如果有隻青蛙想要吃掉我，我也可以飛到空中去；

如果我想去某個地方，只要搧動翅膀就能很快到達。所以，要是沒有翅膀的話，我如何生活呢？

翅膀是一種多餘的東西，為什麼呢？因為你不能用翅膀來捕捉獵物，也不能用來挖掘洞穴，也不能用來織網。所以，長翅膀有什麼用？不如多長幾條腿用處大。

# 第 2 章

# 夜間飛行比賽

真是太享受了！

啊……你往水裡放了什麼？

小糞球，即溶的。

啊！臭死我了！

聽說即溶糞水裡面加一點龍蝨，味道會很特別，你也來嘗嘗吧。

討厭！

龍蝨同學
快閃開!

啊!

同學們注意！

由於今年運動會的比賽項目做了調整，許多同學對此感到不滿，紛紛提出恢復飛行比賽的要求。

校方根據多數同學的意見，決定今晚八點在學校操場舉行一場夜間飛行比賽。

希望各班做好準備。通知完畢。

為什麼要在夜晚比賽飛行呢？

一定是飛蟲班同學搞的鬼！

據我所知，飛蟲班的燈蛾和蚊子最擅長在晚上飛行，我們班必輸無疑了。

那可不一定，別忘了我們班還有螢火蟲呢！

啊……嗯……是呀，我們螢火蟲在夜晚的飛行能力確實不比蛾和蚊子差，但是……如果我自己參加比賽……

啊！

還有我呢，我的飛行技術不太好，所以萬一我飛著飛著不小心把燈蛾同學撞了下來，那也是合情合理的對吧？

聽說這次比賽幼蟲班棄權了。

他們都沒有翅膀，所以和飛行有關的比賽全都棄權。

你們雜蟲班怎麼也棄權了？

我們對這種無聊的比賽不感興趣。

如果他們有翅膀的話，也許會對飛行比賽產生點興趣。

首先出場的是飛蟲班的種子選手燈蛾同學和蚊子同學。

甲蟲班必勝！

接下來即將出場的是甲蟲班的種子選手螢火蟲同學和……

一看就知道是弱棒選手的鹿角鍬同學！

必勝！

鹿角鍬必勝！

螢火蟲同學？鹿角鍬同學？

比賽馬上就要開始了！

螢火蟲，你快出來呀！

不行……人家可是女孩子！

我知道你是女生，飛行比賽不分男女，你快點出來吧！

可是……可是我這個種類的女螢火蟲不會飛……

什麼，不會飛？！

你怎麼不早說！

※ 有些種類的雌螢火蟲不具翅膀，不能飛翔，僅能爬行。

預備——
開始！

我一定能夠
得冠軍！

那是
什麼？

幸虧火被澆熄了！我差一點就被燒死！

怎麼突然下起雨來？翅膀都濕了，只能跑步前進了！

甲蟲班終於獲得比賽的勝利，但是有一個疑問卻困擾著許多同學。

到底是哪個傢伙故意在關鍵時刻燃起火堆？真是太可惡了！

食蚜蠅，你去調查一下！

在甲蟲班和飛蟲班同學們的共同努力下，謎底很快揭曉了。

是你做的？你為什麼要點燃火堆啊？

快說，你一定是故意的！

不為什麼啊，我只是在烤羊糞串。

# 螢火蟲的生活習性

## 螢火蟲的外表特徵

螢火蟲是鞘翅目－螢科昆蟲的通稱。頭部小，身體長而扁平，體壁與翅鞘較柔軟。

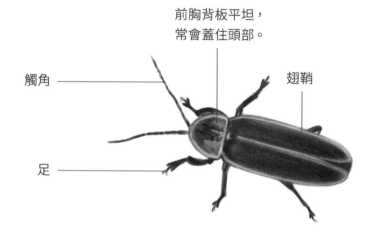

前胸背板平坦，
常會蓋住頭部。

觸角

翅鞘

足

頭部狹小

雄性的眼睛一般
比雌性的大

腹部一般有7~8節

腹部末端有發光器，一般雄蟲
有二節，雌蟲有一節。依種類
不同會發黃光、綠光或紅光等。

## 發光是螢的溝通語言

不同種類的發光時間和間隔都不一樣，雌雄蟲辨識彼此的求偶訊號並且回應，才進行繁殖。

鳥類看到發光的螢火蟲幼蟲，接收警告訊號後便飛走了。

## 螢火蟲的生存危機

螢火蟲家族曾經是個繁榮的大家庭，可是現在牠們的數量愈來愈少了。也許有一天，螢火蟲會像恐龍一樣永遠消失在這個世界上！為什麼會這樣呢？

森林的砍伐、河流湖泊的汙染使螢火蟲的棲息地不斷減少。

夜晚時分無處不在的燈光擾亂了螢火蟲之間的光訊號，因而影響牠們的繁殖。

螢火蟲的成蟲與幼蟲，受到環境中殺蟲劑的毒害而死亡。

# 第 3 章

# 龍蝨的游泳特訓

你看多麼酷的游泳足！接下來的游泳比賽就全看我的了！

游泳比賽只有你一個選手，要是輸了全怪你！

真鬱悶。

要是輸掉比賽，我就夾扁你的頭！

好煩啊～

只許贏，不許輸，否則就讓你嘗嘗被毒牙親吻的滋味。

我怎麼這麼倒楣啊！

聽說這次游泳比賽，飛蟲班和雜蟲班因為沒有選手，所以全都棄權了。

但幼蟲班卻出現了兩個超級實力派選手，據說他們從蟲卵開始就在水裡生活。

這件事說起來，我們還是應該痛恨飛蟲班，因為幼蟲班的兩個選手就是蚊子的妹妹子孓和蜻蜓的弟弟水薑。

不會吧！

我……我現在就去練習！

賽前特訓
開始。

喂，小龍蝨！

我們又見面了！

天啊！
是花背大青蛙！

啊！

龍蝨老弟！真的是你啊，我還以為是牙蟲呢。那傢伙和你長得太像了，上次我就認錯蟲了。

不過……你怎麼會在這裡呢？難道是來做賽前特訓的嗎？

你真會說笑話，我還需要特訓嗎？倒是你，難道想從頭開始學游泳嗎？

是我弟弟水薑，他是他們班上游泳比賽的種子選手，我是過來陪他做特訓的。

誰知道那小子仗著自己游泳技術一流，剛到池塘就跑去捉蝌蚪了。

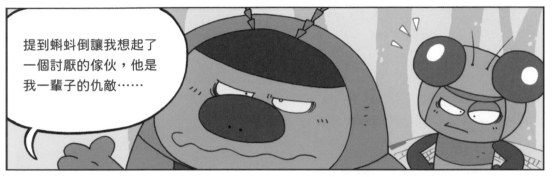

提到蝌蚪倒讓我想起了一個討厭的傢伙，他是我一輩子的仇敵……

那天，我覺得很餓，就獨自來到這裡。

別跑，小蝌蚪！

這個傢伙，竟敢搶我的獵物！

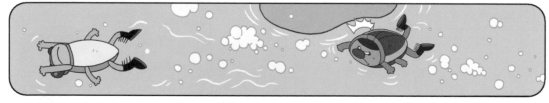

最後你們兩個誰吃到小蝌蚪了？

小蝌蚪趁我們倆比賽時偷偷溜走了，所以最後誰也沒吃到。

可是，那個會仰泳的傢伙究竟是誰呢？

他叫仰泳椿，我永遠也不會忘記。

只不過是少吃一隻蝌蚪而已……

如果只是沒吃到蝌蚪，我是不會把仰泳椿當成仇敵的！

對不起，別生氣了。

難道那隻仰泳椿後來又對你做了什麼嗎？

重要的不是仰泳椿對我做了什麼，

而是那隻蝌蚪後來對我做了什麼。

蝌蚪？那隻瘦弱的小蝌蚪？

你過來的時候，有沒有看到那隻又肥又蠢的花背大青蛙？

我有看到啊。

她就是當初差點被我吃掉的那隻小蝌蚪。

要不是仰泳椿，我一定會吃掉她，那麼現在青蛙就不存在了。

那我也就不會每次到池塘都被青蛙欺負了。

哦……那個仰泳椿真的是太可惡了，不過，他在追趕蝌蚪的時候真的超過你了？

救命啊！

我們來救你了！

天啊！怎麼是你！就是我誓不兩立的傢伙！

仰泳椿！

# 各式各樣的水生昆蟲

## 仰泳椿的外表特徵

仰泳椿屬於半翅目－仰泳椿科。游泳時總是腹面朝上，背面在水下呈現
銀白色反光。

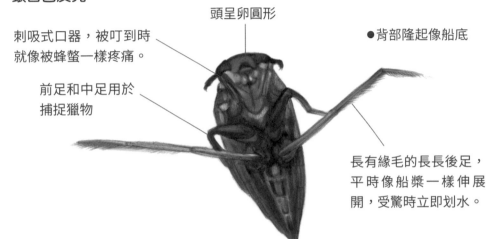

頭呈卵圓形

刺吸式口器，被叮到時
就像被蜂螫一樣疼痛。

●背部隆起像船底

前足和中足用於
捕捉獵物

長有緣毛的長長後足，
平時像船槳一樣伸展
開，受驚時立即划水。

## 採訪水中居民

你知道在水中世界裡生活著哪些居民嗎？牠們是如何生活的呢？為了要
了解牠們，我們採訪了一些水生昆蟲，聽聽看牠們怎麼說：

### 水黽
我是常見的水生昆蟲，我身懷絕技，
能在水面上行走，樣子像在溜冰。我
的身體細長而輕盈，足上長著油質
的細毛，可以防水，所以當我在
水上行走時，絕不會弄濕足。

## 豉甲

你曾看過一群像黃豆瓣似的小甲蟲在水面迴旋游動嗎？那就是我們。我們雖然小小的不起眼，但我們的複眼很特別，游泳時一半在水面上，一半在水下，因此可同時觀察水上與水下的動靜。

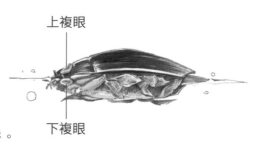

上複眼

下複眼

## 水螳螂

我的外貌很像螳螂，因而得名。我會藏在水草間捕獵魚、蝦、蝌蚪等小動物，強而有力的鐮刀狀前足是我最厲害的武器。我也喜歡吃蚊子的幼蟲孑孓，因此在控制蚊子數量上有巨大的功勞。

## 紅娘華

我的學名是蠍椿，也有人叫我水蠍子。我是凶猛的捕食性昆蟲，喜歡吃蝌蚪和魚。我擅長游泳，也會飛，更經常走路。

## 田鱉

我是水中霸王，即使比我體型更大的魚或蛙也是我的獵物。我的唾液能夠讓肌肉腐蝕，因此被我咬一口可會非常痛苦。另外，我是個好父親，孩子們一出生還是卵時，我便每天照顧，直到他們能獨立生活。

# 第４章

# 游泳比賽開始！

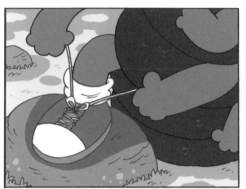

別著急，
等我穿完鞋子，
游泳比賽就
開始。

蜈蚣老師什麼時候
才能穿完鞋子啊？

呵～

咦？蚯蚓同學，游泳比賽你們班怎麼也棄權了？

那有什麼奇怪的？又不是每個蟲子都有游泳足。

可是，夜間飛行比賽你們雜蟲班就棄權了。

那又怎麼樣？並不是每個蟲子都有翅膀。

很快就要舉行跑步比賽了。

那又怎麼樣？並不是每個蟲子都需要有腳才能跑。

哼！

你知道她為什麼沒有狠狠的瞪你嗎？因為並不是每個蟲子都有眼睛！

現在比賽可以開始了，選手們各就各位，預備……

蠶蛾老師！

比賽暫停，幼蟲班水薑和子子小朋友的午睡時間到了。

飛蟲班的水黽同學在水面上奔跑，這嚴重違反了比賽規則。

應該取消他的參賽資格，這一輪的比賽結果也要宣布無效。

比賽暫停！暫停！

水黽被罰退賽，又少了一個競爭對手。

大家好，我是飛蟲班的替補選手！

仰泳椿加油！飛蟲班必勝！

那不是我的仇敵仰泳椿嗎？

各位選手，各就各位，預備——

報告！

又是誰呀？又怎麼了？

我要上廁所。

龍蝨你這傢伙，真是讓我們甲蟲班丟臉！

你覺得龍蝨和仰泳椿誰會贏？

我覺得你的觸角全弄掉比較不奇怪。

你覺得我能贏嗎？

你什麼時候學會游泳了？

沒有哇，我只是想確認一下，不會游泳就真的不能參加游泳比賽了嗎？

再和糞金龜說話，我就是笨蛋。

我回來了。

現在比賽正式開始！

誰知道還會不會有誰突然跳出來喊暫停呢。

用不著賣力游。

好睏，我要回去睡覺了。

我也要回去，我才不要被天敵吃掉。

剩下我們兩個了！

我絕不能輸給你！

其實我最擅長的本領是潛泳。

讓你看看我的實力吧！

終點就在眼前了！

龍蝨同學獲勝！

怎麼有兩個龍蝨？

大家好，我的名字叫做牙蟲。

你的出水姿勢真漂亮！

你的入水姿勢也很漂亮！

就這樣，甲蟲班靠著團結和智慧，又再一次贏得比賽的勝利。

# 牙蟲和龍蝨哪裡不一樣？

牙蟲的外表和龍蝨非常相像，牠們都生活在水中，身體呈流線形，形態上僅有些許的不同。牙蟲的腹面較平，體背比龍蝨更凸出一些，體色比龍蝨更深，近乎黑色。

牙蟲善於在水中的物體上爬行。

龍蝨喜歡在水中潛泳。

多數種類的牙蟲腹面有一根粗而直的針刺，龍蝨無針刺。牙蟲的下顎有長鬚，與觸角等長或更長。

## 我是水薑

我是蜻蜓的孩子，我生活在水中已經有三四年，我靠腹部的直腸鰓來呼吸。我喜歡吃小蟲、小魚或小蝦。我平常在水草上爬行，但遇到緊急情況，我會壓縮腹部向後噴水，讓身體快速向前衝。當我長大後，會爬出水面，羽化成一隻蜻蜓，自由自在飛翔。

## 我是孑孓

我是蚊子的孩子，我不太擅長游泳，只能垂直游動。我的呼吸管在尾部，因此我會呈倒立狀態，把尾部伸出水面呼吸。弱小的我很容易被吃掉，一旦危險靠近，我會馬上潛入水底。我以水中的細菌和藻類為食，經過四次蛻皮後會化蛹，安靜等待羽化時刻到來，最後就變成蚊子！

# 第 5 章

# 朋友與敵人的
# 三角關係

牙蟲同學，你睡覺時幹嘛還戴著泳鏡？

這個是多功能游泳眼鏡，游泳的時候可以戴，睡覺的時候也可以戴，你看我戴著它睡覺就睡得特別香甜。

你幹嘛看著鹿角鍬和我說話？

……

龍蝨大哥你在這裡啊！怎麼樣？買一副吧，才一百四十元，超便宜的對吧？

我游泳時從
不戴眼鏡。

鹿角鍬大哥你
買一副吧。

我又不會游泳，
幹嘛買
泳鏡啊？

這可不是一般的泳鏡，
是多功能游泳眼鏡。

有哪些功能呢？

這種泳鏡不但游泳時可以
戴，洗澡時也可以戴。這樣
你就不用擔心洗澡水弄濕
眼睛了。

可是我從來
都不洗澡。

不洗澡也沒關係，你可以
在下雨的時候戴，尤其是
下暴雨的時候，防水效果
非常好。

下雨的時候我就去睡覺了。

別灰心，再尋找下一個目標。

那個看起來蠢蠢的、呆呆的、傻傻的傢伙一定可以輕鬆搞定。

多功能泳鏡，要不要買一副？

多功能是什麼意思？

就是有非常多的功能。

能用它來滾糞球嗎？

這個……不能。

能用它來壓糞餅乾嗎？

這個……

這個……也不能。

什麼都不能，怎麼能說是多功能呢？

啊……真是氣死我了！

甲蟲班都是些莫名其妙的傢伙，不如去飛蟲班試試運氣。

這個……雖然它不是太結實，但它的鏡片非常耐磨。

是嗎？

磨破了！

是嗎？

這個……雖然它不是太耐磨，但是它的密封性極好。

你弄壞了三副泳鏡,你要賠償!

賠償是不可能的,但如果你能把這包毛毛蟲的毒毛放到龍蝨的書包裡,我就買你的泳鏡。

成交。

除了這三副壞的泳鏡,你再買兩副吧。馬上付錢,不然我就把這包毒毛交給龍蝨同學。

你⋯⋯你⋯⋯

立刻買五副泳鏡,否則我就把你在游泳比賽中作弊的事情告訴仰泳椿。

你太卑鄙了!

因為牙蟲這個共同的敵人，龍蝨和仰泳椿意外的變成了親密無間的好友！

# 天幕枯葉蛾的一生

①

天幕枯葉蛾的卵塊像外衣一樣包在樹枝末梢附近。

②

剛孵化的小毛毛蟲集體往果樹的嫩芽進攻。

③

幾天後，小毛毛蟲們織了一張帳篷狀的網，用來休息和避雨。

④

牠們不停大吃大喝，有時一個毛蟲群可吃光一棵樹的葉子。

⑤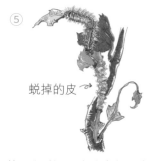

蛻掉的皮

約兩週後，毛毛蟲經歷第一次蛻皮。牠們一生需蛻皮多次。

⑥

毛毛蟲們在最後階段不再織帳篷，整夜在外面進食。

⑦

要結束集體生活了，毛毛蟲走到樹枝邊緣，翻了個筋斗彈起，再落到地面。

⑧

獨自旅行的毛毛蟲選擇適合的地點，把自己裹在繭裡，然後慢慢化蛹。

⑨

約3星期後，蛹羽化成天幕枯葉蛾，並從繭中鑽出來，可以自由飛翔了。

# 第6章

# 跑步預賽費心機！

我們已經連續贏得了韻律體操比賽、夜間飛行比賽和游泳比賽的冠軍,現在跑步比賽馬上就要開始了。

誰要是敢輸掉這場比賽,下場一定會很悲慘!

誰想參加比賽?

我可不想參加。

傻瓜才會參加。

好吧,那我們就舉行一場跑步預賽,由獲勝者代表甲蟲班去參加跑步比賽!

報告班長！我天生長著一雙游泳足，不適合賽跑，所以我決定把機會留給長著步行足的同學。

我的大顎又大又重，嚴重影響了跑步的速度，所以我要把機會留給體型小巧、動作靈活的同學。

我的腿實在太短了，我把機會留給有著大長腿的同學。

我只剩一根觸角，嚴重影響班級的形象，還是把機會留給長著兩根觸角的同學吧。

預賽棄權的同學將負責陪伴參賽選手進行賽前練習，需要做到打不還手，搯不還手，踢不還手，踹不還手，蹬不還手……

不管是不是游泳足，比賽就是重在參與，所以我必須參加預賽。

以我這樣的塊頭，扛點重東西根本不影響跑步，所以我是不會棄權的。

跑步這種比賽，關鍵是腳步的速度，這和腿長腿短沒有關係，我決定試試看。

誰看過用觸角跑步的昆蟲？憑什麼我的樣子不能參加預賽？誰也別攔我。

好，現在大家都到操場上。

最先到達終點的同學為獲勝者。另外還有三條比賽規則——

第一，在賽跑過程中不允許停止不動；

第二，不許倒退往回跑；

第三，違反比賽規則者視為棄權。

比賽開始！

要慢，一定要慢！

你幹嘛總在我眼前晃來晃去？

你以為我喜歡這樣晃來晃去嗎？

你為什麼喜歡晃來晃去？

我並不喜歡晃來晃去。

那你為什麼說你喜歡晃來晃去？

我就沒說我喜歡晃來晃去呀。

那是誰說的？

是鹿角鍬說的。

你為什麼喜歡晃來晃去？

我沒晃來晃去呀。

可是雙叉說你喜歡晃來晃去。

怪不得雙叉那傢伙沒有超過我，原來一直在原地晃來晃去啊。

不如我自己去
參加比賽算了！

萬一輸掉比賽的話，我千辛
萬苦得到的班長職位可能會
不保，還是算了。

一個上午的時間過去了，甲蟲班的
跑步預賽仍持續進行著。

你們不去吃飯，在這裡做什麼？

幫忙把我的便當拿過來，就在那邊的書包裡。

好的！

真後悔沒把午飯帶來。

虎甲蟲
接著！

虎甲蟲贏了！我們大家可
以回去吃飯了。

跑步比賽全看
你了！只許贏，
不許輸！

真倒楣……

# 各式各樣的昆蟲足

昆蟲有3對足,分別是前足、中足、後足,主要用來行走,但由於各種昆蟲的生活環境和生活方式不同,因此也有許多不同功能特性的足。

**步行足:** 形態細長,適於行走。如虎甲蟲的足。

**挖掘足:** 由前足特化而成,形態粗壯短扁,末端有齒,便於掘土。如糞金龜的前足。

**跳躍足:** 由後足特化而成,形態細長,還有發達的肌肉。如蝗蟲的後足。

**捕捉足:** 由前足特化而成,足上有刺,形態像鐮刀,適於捕捉獵物。如螳螂的前足。

**攜粉足:** 由後足特化而成,足上有刺毛,能夠攜帶花粉。如蜜蜂的後足。

**抱握足:** 足上有吸盤狀的構造,可在交配時抱握雌蟲。如龍蝨雄蟲的前足。

**攀援足:** 形態似鉤鉗,可以牢牢抓住寄主的毛髮。如蝨子。

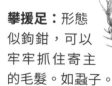

**游泳足:** 後足扁寬,邊緣有長毛,適於划水。如龍蝨的後足。

※ 特化:生物身體部位的結構或功能有特別的變化。

# 第7章

# 誰是才是飛毛腿？

跑步比賽準備開始，請各班選手入場。

我們班就你一個選手，要是輸了全怪你！

你怪我試試看！

要是敢輸掉比賽，我就夾扁你的頭！

你夾我試試看！

只許贏，不許輸，否則讓你嘗嘗被毒牙親吻的滋味。

你親我試試看！

呼呼……

根據可靠消息透露，這次我們最大的競爭對手是雜蟲班。

聽說他們班會拿出祕密武器與我們一決雌雄！

這傢伙果然不一般，竟然對我了解得如此透澈！

哇！好多腿呀！

大家好，我是雜蟲班的蚰蜒，我有三十二條腿。

我是雜蟲班的蜈蚣，我有四十二條腿。

呼拉啦！

呼拉啦！

轟隆！

大家好，我是雜蟲班的千足蟲同學，我有四百多條腿！千足蟲必勝！雜蟲班必勝！

轟隆隆！

雜蟲班弄得賽場上到處都是腿。

我應該進一批襪子去雜蟲班推銷。

和他比起來，我的腿實在太少了。

多的東西總是不值錢，這些腿要賣的話也會是批發價。

最後一個祕密武器會有多少條腿啊？

雜蟲班最後一位選手就要出場了，請大家再耐心等候。

同學們，很高興有機會參加這個比賽。

我覺得對於跑步比賽來說，腿多腿少根本不重要，

甚至有腿沒腿也根本不重要，

重要的是要有參與的精神！

只要你敢拼，蝸牛也能得冠軍。

小烏龜不是戰勝大白兔了嗎？誰敢保證小蝸牛就不會勝過大千足蟲呢？

都過一個小時了，比賽何時才能開始啊？

得等蝸牛同學走到場上啊。

哪位力氣大的同學，能幫忙把蝸牛同學送到第六跑道？

我可不希望翅鞘上沾滿黏糊糊的東西。

蜻蜓同學，你來幫忙送一下蝸牛同學吧。

翅膀對我來說比生命還重要，我怎麼能用它去馱蝸牛呢？

等蝸牛同學自己走到比賽場地的話，恐怕天都要黑了！

蝸牛是怎麼突然跑到場上去的？

好厲害啊！他是怎麼做到的？

這傢伙果然不簡單，只用了三秒鐘就把蝸牛送到場上！怎樣才能贏過他呢？

沒想到蟑螂那傢伙竟然會去背蝸牛。

很正常，只有他不怕髒東西嘛。

他不是不怕髒，而是什麼都不怕。這樣的傢伙才是最可怕的！

原來他就是蟑螂！

聽說蟑螂是生存能力最強的一種昆蟲，他們什麼都能吃，哪怕是垃圾、木頭也能輕鬆嚥下去！

最絕的是他們耐饑耐渴的能力，不吃東西他們可以活九十天，不喝水也可以活四十天。

咕嚕—

他們能夠躲在兩毫米寬的縫隙中，簡直像忍者一樣！

這樣的傢伙是沒有弱點的對手，根本不可能戰勝！

幼蟲班的小朋友們趕快做好準備，比賽就要開始了。

各就各位，預備——開始！

雖然觀賽的同學們已經走光，
但比賽仍未結束……

最後一名：雜蟲班的
蝸牛同學。

第二天早上……

我無法
接受這個
結果。

飛蟲班的蟑螂同學
利用陰險手段得到
比賽的冠軍，應該
受到處罰！

這個我們也很為難，因為在歷史
上的任何比賽中，從來沒有裁判
會因為選手在比賽中突然放屁
而判定他犯規的。

# 蟑螂的生活習性

## 常見的居家蟑螂：美洲蟑螂

蟑螂的學名是蜚蠊，俗稱油蟲、茶婆蟲，屬於蜚蠊目。美洲蟑螂是蟑螂家族中壽命最長、產卵數量最多的一種，壽命可長達4年，雌蟲一生能產1000多個卵。平均身長4公分。

觸角細長，呈絲狀。

前胸背板大，呈盾片狀。

身體扁平，能夠藏在各種縫隙中。

雄蟲一般有兩對翅，而雌蟲有時無翅或翅退化。

足上刺毛多，可感應環境中的氣流。

## 其他居家蟑螂

**東方蠊：**身體呈黑褐色，雌性翅膀很短，與雄性差別很大。身長約2~3公分。

**德國姬蠊：**俗稱德國蟑螂，是居家蟑螂中個頭最小的一種。身長約1.5公分。

## 蟑螂的點點滴滴

蟑螂喜歡溫暖、潮濕、食物豐富和縫隙多的場所。綜合以上條件，最符合的地方就是廚房。

蟑螂喜暗怕光，白天時隱藏在家具、牆壁的縫隙和雜物堆中。

夜深人靜時便外出活動，覓食或尋找配偶。

## 蟑螂環遊世界

我發現隔壁環境不錯，有暖氣、很潮濕、食物充足、垃圾成堆，太適合生活了！

那我們搬過去好了。

明天我的主人會坐火車去旅行，我會在出發前鑽進行李箱。

我也不會在這裡待太久，下個月我們就要和主人一起去國外了。

我們要各自過生活了，你要多保重啊！

## 蟑螂的天敵

家蝎蚣是蟑螂最強而有力的天敵，蜘蛛、螞蟻、蠍子、老鼠等也是常見的捕食者。

# 第8章

# 虎甲蟲的榮譽之戰

竟敢輸掉跑步比賽！

如果輸掉比賽的是鹿角鍬就好了，那我就有藉口可以掀他個六腳朝天了。

如果是我輸掉比賽的話，我就會去死！

真希望你什麼時候能來真的。

是像這樣「死」。

如果輸掉比賽的是龍蝨就好了，我就可以藉機展現一下班長的威嚴了。怎麼偏偏是虎甲蟲呢！

不選我去比賽，後悔了吧，活該！

虎甲蟲在做什麼？他哭了嗎？

沒有！

誰要是敢用輸掉比賽為藉口碰我一下，我就立刻掰下他的腿來當晚餐！

以前真是小看了
蟑螂同學。

是呀，蟑螂雖然一副
鬼鬼祟祟的樣子，卻為
我們班爭取到榮譽。

榮譽是什麼東西？

那種東西永遠也不會
和你有任何關係。

難道是非洲糞金龜嗎？
聽說他們從來不吃牛糞，
只吃鴕鳥糞。

你真是個笨蛋，榮譽就是獎狀、獎盃或獎金。

⑤ ＃ ※ ⚡ ⓔ

你在向我暗示什麼？你對我沒有參加比賽感到不滿嗎？

暗示？我有嗎？

很抱歉，我不能和你這種蟲子做朋友。

謝天謝地。

咦？虎甲蟲去哪裡了？

狂吃零食

虎甲蟲同學一定是因為
輸掉比賽而過度內疚，
導致他現在正在某個偏
僻的角落裡，鑽研解除
苦悶的各種方法。

虎甲蟲同學一定是因為吃了太多的
油炸蝗蟲腿，導致消化不良，現在
正在廁所裡清理
廢物呢。

虎甲蟲同學為了
奪回班上榮譽，剛剛
向蟑螂同學下了挑戰
書，黃昏時分他們將
在學校的屋頂上進行
一場你死我活的
決鬥！

這沒意思!

眞無聊!

想看熱鬧的話還得飛到學校的屋頂上,眞是太麻煩了。

決鬥的話就應該在學校的大門口,這樣放學時就能順便看熱鬧。

我皮蠹的好哥兒們多的是,只要我一招呼,隨時都能過來一大群,到時候虎甲蟲和蟑螂不管誰死掉,都由我們來負責吃掉。你們就不用操心了。

眞受不了他們這些什麼都吃的噁心傢伙。

是啊,我也受不了。

# 皮蠹的身體構造和種類

## 小圓皮蠹 *(Anthrenus verbasci)* 的外表特徵

小圓皮蠹屬於昆蟲綱－鞘翅目－皮蠹科，又叫做鰹節蟲科。身上密布鱗片。皮蠹家族很愛吃天然纖維，如毛髮、皮屑等等。

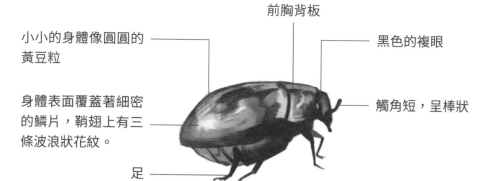

前胸背板

小小的身體像圓圓的黃豆粒

黑色的複眼

身體表面覆蓋著細密的鱗片，鞘翅上有三條波浪狀花紋。

觸角短，呈棒狀

足

## 各種皮蠹的菜單

我們皮蠹是個大家族，種類繁多，而且都是貪吃鬼，尤其是幼蟲。皮蠹們都喜歡吃什麼呢？一起來看看。

螵蛸皮蠹 *(Thaumaglossa sp.)*
的菜單：
專吃螳螂的卵囊（又稱為螵蛸）。

白腹皮蠹 (*Dermestes maculatus*)
的菜單：
皮革、魚乾、魚粉、腐肉等，也包
含骨骼標本上的殘留肌肉。

火腿皮蠹 (*Dermestes lardarius*)
的菜單：
乳酪、肉乾、火腿、培根、鹹肉等。

花斑皮蠹 (*Trogoderma variabile*)
的菜單：
小麥、玉米、稻米、豆類、花生仁、
果仁、絲毛織品、皮毛、乾燥動物
性物質及紙張等。

穀斑皮蠹 (*Trogoderma granarium*)
的菜單：
糧倉中貯存的各種穀物，包含小
麥、玉米、稻米、豆類等。

白帶圓皮蠹 (*Anthrenus pimpinellae*)
的菜單：
蠶繭、中藥材、動物標本、動物毛
皮及其製品。

標本皮蠹 (*Anthrenus museorum*)
的菜單：
博物館內的昆蟲標本和鳥獸標本。

# 第9章

# 執行賽前祕密任務

大家好，我的名字叫叩頭蟲。

聽說雜蟲班和幼蟲班都沒有會跳高的同學，所以跳高比賽他們又要棄權了。

我們班也沒有會跳高的同學。

**我們班絕不能棄權！**

飛蟲班選了蟋蟀同學參加這次比賽，他一定會贏。你們看到他的後足了吧？肌肉多發達，多強健啊！那可是標準的跳躍足。

大家不用灰心，今天有個留級生會分到我們班，說不定他有跳躍足。

留級生？那麼你是誰？

這個……我就是那個留級生，剛才我說過了，我的名字叫叩頭蟲。

他這絕對不是跳躍足。

他的足太短太小了，別說跳，能走就不錯了。

我們一定能夠想出辦法！誰說沒有跳躍足就無法得到跳高比賽冠軍的？！

在同學們的共同努力下，關於如何獲得跳高比賽勝利的三個方案很快就出爐了。

可以派一名同學去找飛蟲班的蟋蟀，用威逼、利誘等各種方法，勸他離開飛蟲班，加入我們甲蟲班。

我要加入甲蟲班！

叛徒！

可以派一名同學去找蟋蟀同學，用威逼、利誘等各種方法，讓蟋蟀同學在比賽中假跳，故意輸給我們班的選手。

可以派一名同學去找蟋蟀同學，利用陷阱、圈套等方法，使蟋蟀同學在比賽前腿部受傷，阻止他參加比賽。

陷阱

那派誰去好呢？

哼！

我這個塊頭，到哪裡都容易被發現，不適合做這種陰謀詭計。

我是心地善良的蟲子，做不了這種缺德事。

萬一發生衝突的話，我一定打不過蟋蟀那小子。

你怎麼不去？

我身為甲蟲班的班長，怎麼能去做這種下流的事呢？

我的塊頭不大，

我的心地不善良，

我打得過蟋蟀那小子，

我也不是班長，所以我可以去。

不准去！

世界上還有比派糞金龜去執行陰謀活動更可怕的事情嗎？

搓你的糞球去！

現在我們來選出一位最合適的同學去執行這個任務。

唭小！

啊……我嗎？

好吧！

五分鐘後……

對不起，挖角行動失敗了！

為什麼會這樣？

挖角行動的前半部分進行得很順利，可是我剛說完要蟋蟀加入我們甲蟲班，他就說做夢吧，然後就把我打了一頓。

這次一定要成功！

五分鐘後……

對不起，假跳行動失敗了！

為什麼會這樣？

假跳行動的前半部分進行
得也很順利，可是我剛說
完要蟋蟀在比賽中假跳，
他就說受死吧，然後就又
把我打了一頓。

我好命苦啊！

聽說雜蟲班也要參加比賽了，而且他們班的跳蚤同學參加過許多次大型的國際跳高比賽，因此他們抱著必勝的決心！

你去找跳蚤同學！

要幹什麼？

開始實行斷腿行動！

十分鐘後……

怎麼回事？

咦！

什麼聲音？

剛才發生什麼事了？

為了躲避雜蟲班同學的追堵，叩頭蟲同學腹部朝天彈向空中，姿勢相當優美，落地前還在空中做了一個前滾翻！

看樣子在跳高比賽中，跳蚤同學的最大對手將會是叩頭蟲！

對不起，斷腿行動失敗了！

沒關係，我們甲蟲班一定會靠實力贏得跳高比賽的冠軍！

# 叩頭蟲的身體構造和種類

## 雙紋褐叩頭蟲 (*Cryptalaus larvatus larvatus*) 的外表特徵

叩頭蟲屬於昆蟲綱－鞘翅目－叩頭蟲科。特點是胸部有一個關節,能在觸地時彈跳起來,姿態像在叩頭一樣。

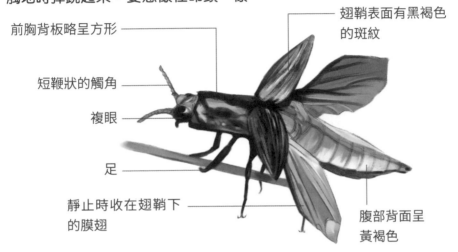

前胸背板略呈方形

翅鞘表面有黑褐色的斑紋

短鞭狀的觸角

複眼

足

靜止時收在翅鞘下的膜翅

腹部背面呈黃褐色

## 為什麼要叩頭?

真狡猾!

我跳!

如果遇到危險,我能用叩頭反彈,逃離險境。

在路上遇到障礙時，我能以叩頭跳起來，越過障礙。

遇到美麗的叩頭蟲時，叩頭的動作能讓她覺得我很有魅力。

## 幾種漂亮的叩頭蟲

**虹彩叩頭蟲**
前胸背板兩側有寬大的紅色條紋，翅鞘為豔麗的金屬綠色。

**大青叩頭蟲**
有深綠色、綠褐色、藍綠色等不同的顏色，都是美麗的金屬光澤。

**黑緣紅胸叩頭蟲**
頭部、觸角、翅鞘和足都是黑色，前胸背板是漂亮的紅褐色，身體腹面呈棕褐色。

# 第10章

# 跳高比賽真意外？

聽說甲蟲班的參賽選手從叩頭蟲同學換成糞金龜同學了。

糞金龜參加跳高比賽,太奇怪了!

糞金龜必勝!

你代表你們班參加比賽了嗎?

沒有啊,他們不讓我參加。

你覺得雜蟲班的跳蚤同學和甲蟲班的叩頭蟲同學誰會贏？

我只知道我們班的蟋蟀一定會輸。

別那麼消極嘛，比賽還沒開始呢！

你幹嘛也報名參賽？是在湊熱鬧吧？

沫蟬同學是想和蟋蟀同學爭奪最後一名吧？

跳蚤必勝！

請參賽選手入場……

糞金龜必勝！

跳蚤必勝！

糞金龜必勝！

糞金龜必勝！

跳蚤必勝！

立刻停止喧嘩！

憑什麼啊？糞金龜不是也在喊嗎？

糞金龜必勝！

不要再製造噪音了！

蝸牛不喊，我就不喊。

就這樣，蜈蚣老師來回跑了三十五趟之後，終於成功制止兩派同學的喊叫聲。

首先上場的是飛蟲班的蟋蟀同學。

蟋蟀同學萬一摔成了蟲餅的話，我來負責吃光光。

蟋蟀根本不行，別看他有跳躍足。

蟋蟀的優點不在於跳高，而在於他的大腿味道十分鮮美，如果烹調得當的話，一定會超過蝗蟲腿的口感。

你……你們……

蟋蟀跳過橫杆後如果摔掉了幾條腿什麼的，我建議前腿歸我，後腿歸你。

嗚——

蟋蟀同學自動棄權，下一位選手是雜蟲班的跳蚤同學。

哇！跳得好高！

跳蚤同學果然
不是白喝血的！

跳蚤
必勝！

跳蚤
必勝！

跳蚤
必勝！

跳蚤
必勝！

跳蚤
必勝！

啊！好久都
沒吸血了！

跳蚤同學自動棄權，
下一位選手是甲蟲班
的叩頭蟲同學。

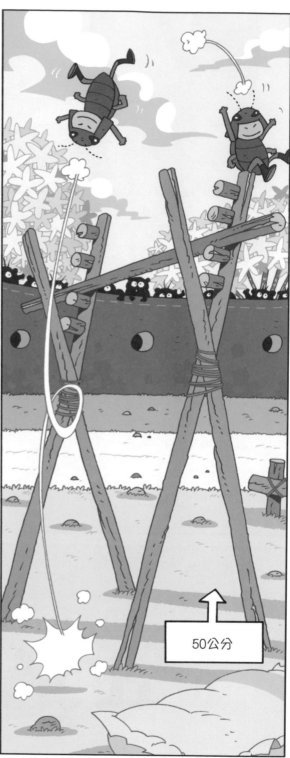

啊！我們贏了！

去慶祝一下。

好啊！我請大家吃糞球，原味牛糞的。

不，我想吃蝗蟲腿。

我想吃肥蒼蠅。

我只想去啃樹。

我想吃大蝌蚪。

最後一位選手是飛蟲班的沫蟬同學。

90公分

飛蟲班萬歲！
我們贏了！

你們聽說過嗎？有一種
神奇的動物叫做黑馬，
那就是我。

沫蟬同學，你有
什麼想說的嗎？

# 擅長跳躍的昆蟲

### 跳蚤

我身形小巧，沒有翅膀，但有強壯的後腿，我寄生在哺乳動物身上。我輕輕鬆鬆就能跳起數十公分高，距離是身長的百倍。

我喜歡吸食動物的血液，這對我來說很美味，也是生存所需。

### 蟋蟀

我的小名叫蛐蛐，我的後足很發達，適合跳躍；我摩擦翅膀時可發出悅耳的聲音。

我個性獨立，不喜歡和別的蟋蟀一起生活，如果遇到和我一樣的雄性蟋蟀，將無可避免有一場戰爭，我會對他又踢又咬，直到趕走他為止。

**沫蟬若蟲**

我還沒長大，翅膀還沒有發育完全，
我會在植物葉片上製造泡沫堆做為庇
護所，它們也能讓我的身體保持濕潤。

**沫蟬成蟲**

我已經長大了，又多了一種特殊本領
——跳躍。我的後腿肌肉發達，可以輕
鬆跳到70公分高，這個跳躍力相當於一
個人跳到將近200公尺高度，在這點我更
勝於跳蚤。

**螽斯**

我的小名叫蟈蟈，我有發達的後足，
遇到危險時，我可以跳躍快速脫身。
我還善於鳴叫，叫聲像金屬音，比蟋
蟀的更響亮。

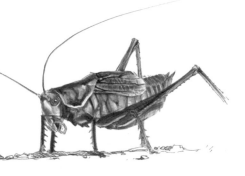

我不是蝗蟲哦！蝗蟲的
觸角短又粗，而我的觸
角纖細如絲，長度超過
我的身體。

# 第11章

# 向全校發出
# 挑戰書！

我愛搓便便，
便便也愛我。

這首歌你已經唱了兩小時三十五分鐘了。

你用不著計算時間，因為聽我唱歌是免費的。

今天糞金龜同學的心情這麼好是有原因的，因為運動會中最有趣的一個項目——挖洞比賽就要開始了。

只有傻瓜才會沒事整天這麼開心。

而糞金龜理所當然的認為參賽選手非自己莫屬，因為他是整個甲蟲班唯一擁有挖掘足的同學。

對了，我需要和狼蛛001談談比賽的問題。

呼啦呼啦呼啦⋯⋯

⋯⋯

明天就是挖洞比賽了，你怎麼還不練習？

練不練習是我的自由。

咕嚕咕嚕咕嚕⋯⋯

⋯⋯

要不要讓你繼續當班長是我們的自由！

……

我一定能夠拿到挖洞比賽的冠軍！

比賽的事，你就不用操心了。

糞金龜必勝！

敢在賽場上搞亂的話，我夾扁你的頭！

你敢嗎？

不……不敢。

諒你也不敢！

我有預感將有不好的事情發生。

希望不會發生在我身上。

十五分鐘後,一個可怕的消息閃電般的傳遍了全校⋯⋯

聽說了嗎?甲蟲班的糞金龜同學分別向飛蟲班、雜蟲班和幼蟲班下了挑戰書。

還說如果輸了的話,甲蟲班將自願為全校同學清理廁所一整年。

他還說甲蟲班一定會獲得挖洞比賽的勝利。

而且飛蟲班、雜蟲班和幼蟲班都以最快的速度做出回應，說他們願意接受挑戰。

現在只有你能拯救大家了，你一定要贏得比賽呀！

這個……

你要是輸了，大家就都得去清大便了！

現在你就是我們的救世主！

不好了！糞金龜在校長和全校老師面前承諾，如果我們班輸掉挖洞比賽，那全班同學將自願到老師和校長家裡為他們刷洗馬桶一整年！

呀阿！

班長，怎麼辦啊？

同學們……不要擔心……相信我一定能……

不好了！聽說飛蟲班參加挖洞比賽的是被昆蟲界稱為「超級挖土機」的螻蛄同學！

據說螻蛄同學最擅長的技能就是挖掘隧道。他挖的隧道以直徑大、距離遠，挖掘速度快著稱。他所保持的挖洞項目的世界紀錄，目前為止無蟲打破！

班長！

呀阿！

班長，你沒事吧？

※螻蛄的注音為ㄌㄡˊㄍㄨ。

放學了！

放學了！

如果我失敗了，同學們一定會怨恨我。

如果我不用參加比賽就好了。

但是我為什麼沒有參加比賽呢？

因為我的手受傷了。

我要讓手被門夾傷。

夾得太輕了，沒有一點點傷痕。

這次一定得用力夾！

萬一夾斷胳膊怎麼辦？

還是算了。

太好了……
不用參加比賽了。

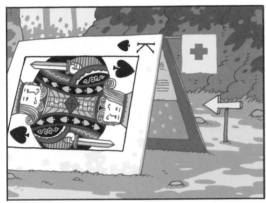

你的頭傷得
很嚴重。

不過……

真是太好了！

不過這絕對不會影響
你明天的挖洞比賽。

# 擅長挖洞的昆蟲

狼蛛

我可以用毒牙挖出30幾公分深、3公分寬的洞穴。剛開始挖時洞穴是筆直的，但挖著挖著就變成彎的。

這裡是我的隱蔽所。

蟋蟀

我在面朝陽光的堤岸上，挖掘了一條傾斜的隧道，順著地勢彎曲，最多不超過30公分深、人類的一指寬。

誰在敲門？

在我家出口處有一叢草半掩著，就像一扇門。

在夜深人靜時，我會在門口平臺上彈奏樂曲。

**螻蛄**

我是生活在地下的居民，當我在地下行走時，會用粗大的前足來挖掘隧道。

我是挖隧道的行家，能在短短一夜間挖了200～300公分長。

讀書共和國　快樂文化　Happy 童樂繪 005

# 漫畫昆蟲記——酷蟲學校甲蟲這一班：虎甲蟲的榮譽之戰

| | |
|---|---|
| 作者 | 吳祥敏 |
| 繪者 | 漫畫－夏吉安、莊建宇；寫實插圖－張飛宇 |

| | |
|---|---|
| 責任編輯 | 許雅筑 |
| 封面與版型設計 | 丸同連合 |
| 內文排版 | 喬拉拉 |

**快樂文化**

| | |
|---|---|
| 總編輯 | 馮季眉 |
| 編輯 | 許雅筑 |
| FB 粉絲團 | https://www.facebook.com/Happyhappybooks |

| | |
|---|---|
| 出版 | 快樂文化／遠足文化事業股份有限公司 |
| 發行 | 遠足文化事業股份有限公司（讀書共和國出版集團） |
| 地址 | 231 新北市新店區民權路 108-2 號 9 樓 |
| 電話 | (02)2218-1417／傳真：(02)2218-1142 |
| 電郵 | service@bookrep.com.tw |
| 郵撥帳號 | 19504465 |
| 客服電話 | 0800-221-029 |
| 網址 | www.bookrep.com.tw |
| 法律顧問 | 華洋法律事務所蘇文生律師 |

| | |
|---|---|
| 印刷 | 凱林彩印股份有限公司 |
| 初版一刷 | 西元 2021 年 2 月 |
| 初版五刷 | 西元 2024 年 7 月 |
| 定價 | 320 元 |
| ISBN | 978-986-99532-7-6（平裝） |

文化部部版臺陸字第 109023 號

Printed in Taiwan 版權所有．翻印必究

國家圖書館出版品預行編目 (CIP) 資料

漫畫昆蟲記——酷蟲學校甲蟲這一班：虎甲蟲的榮譽之戰 / 吳祥敏著；夏吉安，莊建宇繪 . -- 初版 . -- 新北市：快樂文化出版，遠足文化事業股份有限公司，2021.02
面；　公分
ISBN 978-986-99532-7-6（平裝）
1. 昆蟲　2. 通俗作品

387.7　　　　　　　109021842

原書名：《酷虫学校昆虫科普漫画系列：虎甲的冠军梦》中文繁體字版 © 通過成都天鳶文化傳播有限公司代理，經接力出版社有限公司授予遠足文化出版事業股份有限公司（快樂文化）獨家發行，非經書面同意，不得以任何形式，任意重製轉載。

糞金龜

星天牛

吉丁蟲

虎甲蟲

蝗蟲校長

鹿角鍬

獨角仙

狼蛛001

麗蠅老師

蜈蚣老師

放屁蟲

科羅拉多金花蟲

鐵線蟲

蟋蟀老師

蟑螂大嬸

龜金花蟲

龍蝨

牙蟲

蟑螂

瓢蟲紅點點

瓢蟲黑點點

豆芫菁

拉步甲　　奇步甲

叩頭蟲

長戟大兜蟲

仰泳椿

圓斑硬象鼻蟲　　　捲葉象鼻蟲

松瘤象鼻蟲

竹象鼻蟲

茶實象鼻蟲

鳥糞象鼻蟲　　　長角象鼻蟲

大眼象鼻蟲

長臂金龜老師

黃鳳蝶老師

金花金龜